# Clima

Primera Edición: 2007
ISBN: 978-84-96609-94-5
Título original: Weather
Edición original: © Kingfisher Publications Plc
Maquetación: TXT Servicios editoriales - Esteban García Fungairiño
Traducción: Equipo Edilupa

Agradecimientos
La editorial quisiera agradecer a aquellos que permitieron la reproducción de las imágenes. Se han tomado todos los cuidados para contactar con los propietarios de los derechos de las mismas. Sin embargo, si hubiese habido una omisión o fallo la editorial se disculpa de antemano y se compromete, si es informada, a hacer las correcciones pertinentes en una siguiente edición.

i = inferior; ii = inferior izquierda; id = inferior derecha; c = centro; ci = centro izquierda; cd = centro derecha; s = superior; sd = superior derecha; d = derecha

Fotos: cubierta Taxi Getty; 1 Imagebank Getty; 2–3 A&J Verkalk Corbis; 4–5 Photonica Getty; 6sd Travelshots Alamy; 6ii Reportage Getty; 7 Don Mason Corbis; 8 Stone Getty; 9sd Nevada Weir Corbis; 9d Photolibrary.com; 10–11 Richard Cooke Alamy; 11sd Simon Fraser Science Photo Library; 12–13 Taxi Getty; 12cd Imagebank Getty; 12ii Photographer's Choice Getty; 14–15 Still Pictures; 15sd Still Pictures; 15cd Mike Greenslade Alamy; 16–17 Roy Morsch Zefa Corbis; 16 Photolibrary.com; 18–19 Taxi Getty; 18b Remi Benali Corbis; 19sd Photolibrary.com; 20–21 Photographer's Choice Getty; 21 Stockbyte Platinum Getty; 22 National Geographic Society Getty; 23 Still Pictures; 23sd Pekka Parviainen Science Photo Library; 24–25 Photolibrary.com; 25sd Stone Getty; 25id Still Pictures; 26 Stone + Getty; 27sd Jim Reed Corbis; 27 Rick Wilking Reuters Corbis; 28–29 Still Pictures; 29sd Still Pictures; 29id Iconica Getty; 30–31 Photographer's Choice Getty; 30l Photolibrary.com; 3i Iconica Getty; 32–33 Still Pictures; 33s Stone Getty; 33i Stone Getty; 34–35 Stone Getty; 35 Steve Bloom Alamy; 36–37 National Geographic Society Getty; 36cd Jim Reed Corbis; 36ii Masterfile; 38–39 Reportage Getty; 38ii Getty Editorial; 39id Corbis; 40 Keren Su Corbis; 41sd Still Pictures; 41id Zute Lightfoot Alamy; 48 Taxi Getty

Fotografía por encargo de las páginas 42-47 por Andy Crawford.
Realizador del proyecto y coordinador de la toma: Jo Connor.
Agradecimiento a los modelos Dilvinder Dilan Bhamra, Cherelle Clarke, Madeleine Roffey y William Sartin.
Impreso en China - Printed in China

# Clima

Caroline Harris

EDILUPA

# Contenido

# ¿Qué es el clima?

El clima está producido por los cambios que suceden en el aire. El agua, el aire y el calor del Sol colaboran para crear el clima.

### Cálido y soleado

Cuando el Sol está alto y no hay muchas nubes, el clima es cálido y seco. Si está nublado, la temperatura será más baja.

### ¡Que llueva!

Sin agua no habría vida en la Tierra. La lluvia hace que las plantas crezcan y los animales puedan beber.

*temperatura* – *el calor o el frío que hace*

# Agua helada

Cuando hace mucho frío el agua se congela y el clima cambia. Cae nieve en vez de lluvia, y el agua del suelo se convierte en hielo.

*helarse* – *volverse hielo*

# Nuestra estrella

El Sol es una estrella tan brillante que ilumina la Tierra e influye en el clima calentando el suelo y el aire para que el viento sople, y templando los mares para que haya nubes y lluvia.

## La noche y el día

La tierra completa un giro sobre sí misma cada 24 horas. Cuando uno de sus lados mira al Sol, en ese lugar es de día y en el otro lado de la Tierra es de noche.

*gira* – da vueltas

## Adoración al Sol

Los Incas eran un pueblo que vivió hace mucho tiempo en América del Sur. Adoraban al Sol porque creían que era un dios y que por eso era tan poderoso.

## Calor abrasador

Los rayos del Sol pueden quemarte fácilmente la piel. Protégete cubriéndote y usando cremas de filtro solar. No mires nunca directamente al Sol.

*adorar* – *rezar a un dios*

# Manto de aire

La atmósfera es una capa de aire que cubre la Tierra; es donde se produce el clima. La atmósfera mantiene caliente nuestro planeta y lo protege, por ejemplo, del choque de meteoritos.

### Cielos azules

El cielo se ve azul en un día claro por la forma en que la luz del sol brilla a través de la atmósfera terrestre.

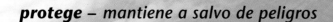

*protege* – *mantiene a salvo de peligros*

# Respiración

La atmósfera es una mezcla de gases. Las plantas y los animales la necesitan para vivir.

# Arriba a lo lejos

La atmósfera tiene cinco capas. La más cercana a la Tierra es la troposfera; ahí es donde se forman las nubes. La más lejana es la exosfera.

## Capas de la atmósfera

10.000km

*satélite*

**EXOSFERA**

700km

*trasbordador espacial*

**TERMOSFERA**

80km

*estrellas fugaces*

**MESOSFERA**

**Globo climático**

50km

**ESTRATOSFERA**

12km

**TROPOSFERA**

0km
(distancia desde la Tierra)

*gases* – *sustancias sin forma, como el aire, que no son ni sólidas ni liquidas*

# Cambio de estación

La mayoría de países tiene cuatro estaciones que cambian porque la Tierra gira alrededor del Sol. Cada giro u órbita tarda un año en completarse.

## Movimiento terrestre

La Tierra se inclina al girar, por eso cada polo queda más cerca del Sol y se calienta más en diferentes meses. Si es verano en el norte, es invierno en el sur.

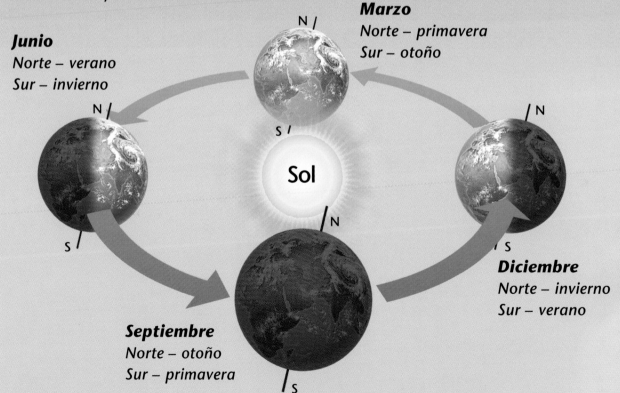

**Marzo**
Norte – primavera
Sur – otoño

**Junio**
Norte – verano
Sur – invierno

Sol

**Diciembre**
Norte – invierno
Sur – verano

**Septiembre**
Norte – otoño
Sur – primavera

**órbita** – *movimiento constante alrededor de algo en el espacio*

## Primavera y verano

En primavera las flores brotan y muchos animales tienen crías. A la primavera le sigue el cálido clima del verano.

*primavera*

## Otoño e invierno

Al final del verano viene el otoño y caen las hojas de los árboles. Después llega el frío invierno.

*otoño*

**polo** – *el punto más al norte o más al sur de la Tierra*

# Climas del mundo

Al ambiente habitual de un lugar se le llama clima. En el mundo hay diferentes climas. Unos son cálidos y secos, otros de frío helador, y otros que son calientes y húmedos.

## Frío helador

La Antártida tiene el clima más frío de la Tierra. El pingüino emperador tiene grasa y plumas especiales que lo ayudan a mantenerse caliente.

**grasa** – *sustancia interna que protege del frío*

## Caliente y seco

Los desiertos se forman donde el clima es muy seco y sin nubes. Pueden cambiar de un calor ardiente durante el día a un frío helado por la noche.

## El mar las calienta

Las palmeras son comunes en sitios cálidos. Una corriente marina tibia hace un clima templado y ayuda a su crecimiento.

**corriente** – *movimiento de un liquido (como el agua) o de aire*

# Viento envolvente

El aire de la atmósfera está en movimiento de un sitio a otro, es lo que conocemos como viento. Unos vientos son suaves brisas y otros, vientos fuertes que arrancan techos y derriban árboles, son los vendavales.

## Veleta

Cuando el viento sopla, la veleta gira. La flecha de la veleta se detiene y apunta en la dirección en la que sopla el viento.

**brisa** – *viento suave y leve*

## Cometas al vuelo

El ser humano ha volado
cometas desde hace miles
de años. El viento las eleva
y puedes sujetarlas y
dirigirlas con una cuerda.

**dirigir** – *mover algo en una u otra dirección*

# Vientos violentos

Los vientos fuertes pueden ser muy peligrosos: pueden derribar edificios y causar daño a las personas. Pero también pueden ser útiles: las turbinas de viento generan electricidad.

### Tormenta de polvo

En los lugares en que el suelo es muy seco, los vientos fuertes forman grandes nubes de polvo. Estas tormentas se mueven muy rápido y llenan todo de arena.

**turbinas de viento** – *máquinas que giran con el viento*

## Tornados

Un tornado es un embudo giratorio de viento, creado por una nube de tormenta. Algunos son tan potentes que pueden arrancar una casa del suelo.

## Viento aullador

El viento silba cuando sopla con fuerza a través de una grieta pequeña. Ocurre lo mismo que cuando alguien silba juntando los labios.

**embudo** – *tubo con una parte ancha arriba y más estrecha abajo*

# Planeta azul

El agua cubre gran parte de la Tierra.
Cuando el Sol calienta los mares y los lagos
convierte el agua en vapor, que está en el
aire pero no se ve.

## Ciclo del agua

El agua está en constante
movimiento. Cuando llueve,
el agua fluye hacia los ríos
que van al mar; allí se
convierte en vapor, forma
nubes y luego vuelve a llover.

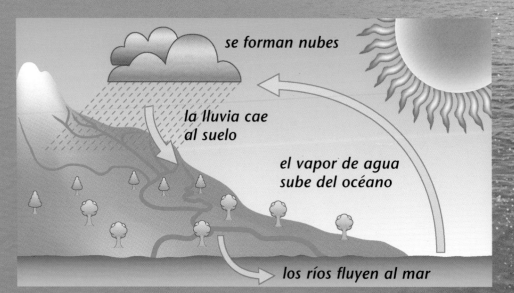

se forman nubes

la lluvia cae
al suelo

el vapor de agua
sube del océano

los ríos fluyen al mar

**vapor** – – *agua, bruma o niebla en la atmósfera*

## Agua saludable

El hombre es parte del ciclo del agua. El agua mineral y la del grifo también fueron lluvia. Debemos beber varios vasos de agua al día para estar sanos.

*delfines en el mar*

## Océanos enormes

Los océanos cubren el 72% de la Tierra y tienen un enorme efecto en el clima. Las corrientes oceánicas llevan consigo climas cálidos, fríos o húmedos.

**ciclo** – *sucesos que se repiten siempre de la misma manera*

# Bruma y nubes

Las nubes se forman con pequeñas gotas de agua o cristales de hielo. Esto sucede cuando el aire caliente que tiene vapor de agua se enfría. Las nubes tienen muchas formas y tamaños.

## Cúmulos esponjosos

El nombre de una nube describe su altura y apariencia. Por ejemplo, las esponjosas que se ven cuando hace calor se llaman cúmulos.

*cristales – pequeños trozos de hielo*

## Destello nocturno

Algunas nubes brillan en la oscuridad, justo al anochecer. Producen una luz azul brillante y con líneas onduladas.

## Tigre entre brumas

La bruma y la niebla son nubes que están muy cerca del suelo. Se forman en climas fríos. Esta guarida de un tigre en la selva es muy húmeda, y hay bruma aunque haga calor.

**selva** – *lugar caliente y húmedo lleno de árboles y plantas*

# 24) Bajo la **lluvia**

Una gota de lluvia se forma cuando en una nube se juntan gotitas de agua. La gota se hace más grande y pesada, y finalmente cae a la tierra en forma de lluvia.

## Forma de la lluvia

La lluvia se puede ver como líneas, pero cada gota tiene forma esférica. La mayoría son pequeñas, como la punta de un lápiz.

*esférico – en forma de bola*

## Llevadas por el viento

Las tormentas producen gotas enormes y pesadas. Los vientos fuertes mantienen mucho tiempo la lluvia en lo alto y las gotas van creciendo.

## Paraguas de hojas

Como los humanos, muchos animales se protegen de la lluvia. Los orangutanes sostienen hojas sobre su cabeza para no mojarse.

*producir* – hacer

# ¡Tormenta!

Una tormenta se produce cuando las nubes se hacen más grandes y más altas y van ganando energía. Cada día puede haber hasta 40.000 tormentas en todo el mundo.

## Relámpagos

El relámpago es una chispa de electricidad que hace destellar el aire. Puede moverse entre las nubes o dispararse hacia el suelo, árboles o edificios.

*energía – potencia, fuerza*

## Alto como una montaña

Las nubes pueden ser enormes. En las tormentas fuertes pueden ser más altas que una montaña.

## Daños de un huracán

Un huracán es un grupo de tormentas que giran. En el centro hay un círculo de calma llamado *ojo*. Cuando un huracán llega a tierra puede causar muchos daños.

# Húmedo y seco

Hay partes del mundo lluviosas y otras muy secas. En el desierto pueden pasar años sin que llueva, sin embargo, en la selva puede llover mucho durante todo el año.

### Bombeo de agua
En época de sequía prácticamente no llueve y, en las zonas muy secas, la gente debe ir hasta un pozo para obtener agua.

**sequía** – *cuando el clima es más seco de lo normal*

## Agua por todas partes

Si llueve mucho, puede haber inundaciones enormes que cubran incluso toda una ciudad.

## Tierra seca

Cuando no llueve en mucho tiempo, la tierra se seca y se endurece tanto que se agrieta.

# Muy fría

Cuando el agua se enfría mucho, se
convierte en hielo sólido y resbaladizo.
La puedes ver sobre plantas y prados,
o en la capa congelada de un estanque.

## Un puñado de hielo
El granizo son bolas de
hielo formadas en las nubes
que caen como la lluvia, ¡y
pueden llegar a ser del
tamaño de una naranja!

**sólido** – *duro, no líquido*

## Cristales como plumas

La escarcha se forma cuando el aire que hay cerca del suelo es húmedo y tan frío que congela la humedad. Si hace calor, la humedad forma rocío.

## Montañas de hielo

El hielo pesa menos que el agua. Por eso los grandes icebergs flotan, pero sólo se ve una parte. El resto está oculto bajo el agua.

**rocío** – *gotas de agua que se ven en las plantas y en el suelo por las mañanas*

# Copos de nieve

**32**

Los copos de nieve son hielo que se forma muy alto en las nubes. En climas cálidos, el hielo se derrite y cae como lluvia o aguanieve. Si hace frío, cae como nieve.

### Nevada

Los copos son cristales de nieve que se unen. Justo antes de congelarse es cuando los cristales son más gruesos.

**aguanieve** – *lluvia mezclada con nieve y granizo*

## Nieve acogedora

¡La nieve te puede mantener caliente! El pueblo inuit, que vive en el Ártico, construye iglúes con bloques de nieve.

## Formas de la nieve

La mayoría de los cristales de nieve tienen seis lados, pero nunca son iguales. Todos tienen diferentes formas.

**Ártico** – *área alrededor del Polo Norte*

# Espectáculos de luz

A veces, el agua y los cristales de hielo pueden hacer que la luz se vea de colores. Hay efectos asombrosos, como los parhelios y las luces del arco iris.

### Arco iris

Cuando llueve y a la vez hace sol se puede ver el arco iris que se aprecia mucho mejor si hay una nube oscura detrás de la lluvia.

## Parhelios

Las luces que se ven al lado del Sol se llaman parhelios. Se ven cuando la luz del Sol brilla a través de los cristales de hielo de un modo particular.

*particular* – *especial*

# Clima **extremo**

A veces el clima puede ser duro y peligroso. Huracanes, inundaciones, incendios y sequías son ejemplos de los resultados de climas extremos.

### Poder del agua

Las inundaciones pueden extenderse grandes distancias y hacer mucho daño. Pueden aislar a la población, que tiene que ser rescatada con helicópteros o lanchas.

### Contra el fuego

Los incendios suelen surgir en climas cálidos, donde los árboles y las plantas se secan y se queman fácilmente.

**extremo** – *muy raro o severo*

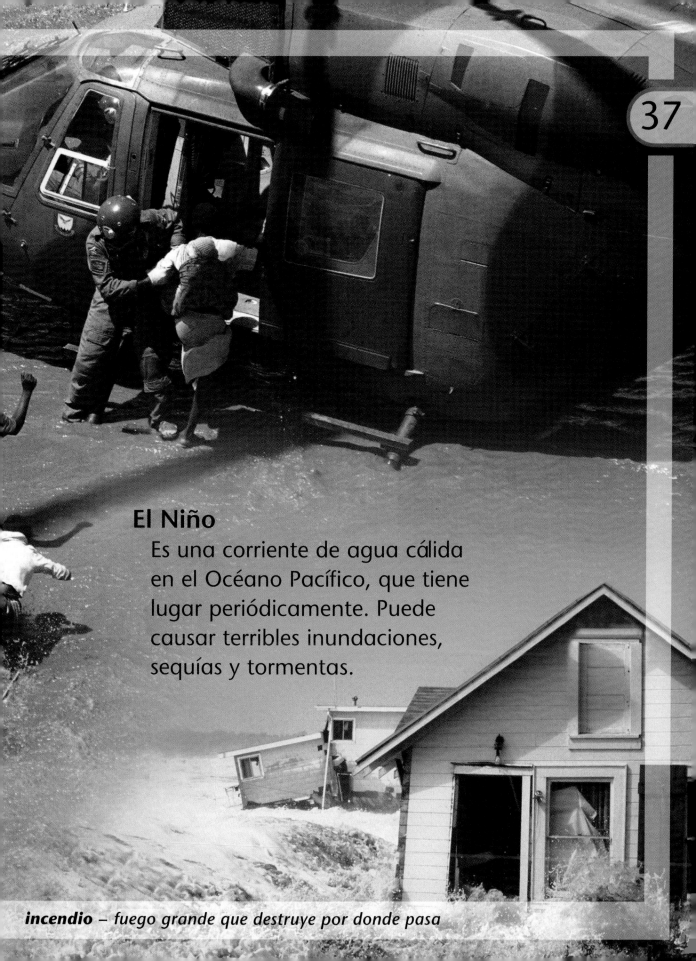

## El Niño

Es una corriente de agua cálida
en el Océano Pacífico, que tiene
lugar periódicamente. Puede
causar terribles inundaciones,
sequías y tormentas.

*incendio* – *fuego grande que destruye por donde pasa*

# ¿Lluvia o sol?

Los pronósticos del tiempo nos dicen cómo será el clima en los próximos días. Para elaborarlos, los científicos usan instrumentos y ordenadores.

## Buscan tormentas

Camiones equipados con radar pueden encontrar tormentas lejanas. Los científicos las siguen y miden su potencia.

## Algas húmedas

Otra forma sencilla de predecir el clima: si va a llover pronto, las algas se hacen gruesas y suaves gracias al aire húmedo.

**instrumental** – *herramientas para tomar medidas*

## Globos climáticos

Los científicos utilizan globos para enviar instrumental a las alturas y poder, así, analizar el clima.

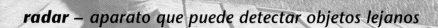

**radar** – *aparato que puede detectar objetos lejanos*

# 40 Clima **futuro**

El clima de la Tierra ha cambiado de manera natural en las diferentes edades del planeta. Sin embargo, muchos científicos piensan que, en la actualidad, el hombre es el que está cambiando el clima.

## Coches contaminantes

El clima puede estar cambiando por la contaminación, que atrapa el calor del Sol. Este calor volvería al espacio de no ser por la nube de contaminación.

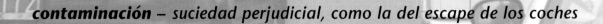

**contaminación** – *suciedad perjudicial, como la del escape de los coches*

## Cada vez más caliente

El clima de la tierra se está calentando. El hielo se derrite y se desprende de los icebergs y los glaciares. El nivel de los mares se eleva y causa inundaciones.

## Ayuda a los agricultores

Los científicos pueden predecir el clima varios meses antes. Los agricultores usan estos pronósticos para decidir qué plantar cada año.

*glaciares* – *ríos sólidos de hielo*

# Vuela al viento

## Haz una cometa

Las cometas se elevan porque el viento las impulsa hacia arriba. Decora la tuya con la cara de un animal... ¡A ver si te gusta este tigre!

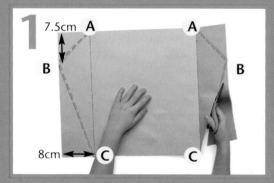

Sigue las medidas y traza líneas entre A y C, A y B, y B y C. Corta el papel de C a B y de B a A.

### Materiales

- Una hoja de papel
- Regla
- Lápiz
- Tijeras
- Rotuladores de colores
- Cinta adhesiva
- Perforadora
- 2 varillas grandes
- Papel de colores
- Cuerda fina de algodón
- Un palito fino

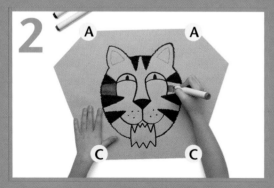

Dale la vuelta al papel y decora tu cometa con el dibujo de un tigre. Asegúrate de que A esté arriba y C abajo.

Pega cinta adhesiva en las esquinas B del papel. Luego hazle agujeros, con una perforadora, a 2,5 cm del borde.

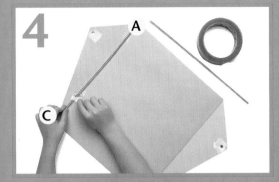

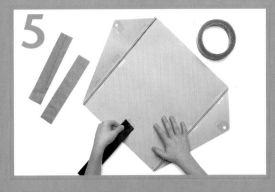

Una vez más, da la vuelta a la cometa. Sujeta con cinta adhesiva las varillas a cada lado sobre la línea entre A y C.

Recorta tiras, de 20 cm de largo, de papel de colores. Pega las tiras en la parte de abajo de la cometa.

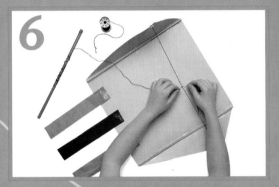

*¡Tu cometa ya está lista para volar! Ve a un parque y pide a un adulto que lance al aire la cometa. Tira de ella sosteniendo con firmeza el palito.*

Pasa una cuerda de 80 cm por los agujeros que hiciste y ata los extremos. Dobla un poco hacia dentro los lados de la cometa. Enreda un cordón largo en el palito. Ata el extremo al cordón de la cometa.

# Móvil solar

## Destellos radiantes

**Tu móvil solar reflejará a la luz del sol. Si lo pones cerca de árboles frutales, ahuyentará a los pájaros e impedirá que se coman los frutos.**

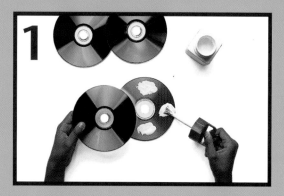

Apoyándote en un papel, pega dos CD con la cara brillante hacia fuera. Deja que se sequen. Repítelo con los otros CD.

### Materiales

- 6 CD
- Pegamento
- Cartulina brillante
- Lápiz
- Tijeras
- Hilos: seis de 20 cm, dos de 25 cm y uno de 35 cm
- Una cuerda de 35 cm
- Cascabeles
- Un palo de 25 cm

Dibuja seis lunas y seis estrellas en la cartulina y recórtalas. Pega dos estrellas por el lado mate. Repite con todos los recortes.

Pide a un adulto que haga un agujero en la punta de cada estrella y cada luna. Pasa 20 cm de hilo a través de los agujeros y desliza hasta la mitad.

**4**

Ata los tres trozos largos de hilo al palo, con el más largo en el centro y cuelga de ellos los CD.

**5**

Añade las lunas, las estrellas y los cascabeles colgados bajo los CD.

*Ata la cuerda a las puntas del palo, de manera que puedas colgar tu móvil solar. Sácalo a una ventana o cuélgalo en el jardín. Mira cómo gira al viento y baila con la luz cuando el sol lo ilumina.*

# Creación de colores

## Haz un arco iris

Observa cómo el agua divide la luz en colores diferentes y haz un asombroso arco iris en tu casa.

**Materiales**
- Jarra de vidrio
- Espejo pequeño
- Linterna
- Botella de agua

Pon una jarra de vidrio sobre la mesa en un cuarto con paredes claras. Pon agua caliente hasta la mitad de la jarra.

Mete el espejo en la jarra e inclínalo un poco hacia arriba. Cierra las cortinas y apaga la luz para que el cuarto quede oscuro.

*arco iris*

*Dirige la luz de la linterna hacia el espejo y en la pared verás un arco iris.*

# Vientos en remolino

## Haz un tornado

**El agua arremolinada en este experimento actúa como los vientos giratorios de un tornado.**

### Materiales
- Botella de plástico con tapa
- Detergente líquido
- Colorantes
- Purpurina

**1**

Llena la botella con agua, pon tres gotas de detergente líquido y un poco de colorante. Ponle purpurina, que funcionará como el polvo de un tornado.

*Aprieta el tapón de la botella y hazla girar en círculos. Ponla boca abajo rápidamente y observa lo que pasa.*

*tornado*

# Índice